河南省工程建设标准

螺杆桩技术标准

Technical standard for part-screw pile

DBJ41/T 160-2022

主编单位:华北水利水电大学
　　　　　河南省建筑设计研究院有限公司
批准单位:河南省住房和城乡建设厅
施行日期:2022 年 11 月 1 日

黄河水利出版社

2022　郑州

图书在版编目(CIP)数据

螺杆桩技术标准/华北水利水电大学,河南省建筑设计研究院有限公司主编. —郑州:黄河水利出版社,2022.9
ISBN 978-7-5509-3111-4

Ⅰ.①螺… Ⅱ.①华… ②河… Ⅲ.①组合桩-技术标准-河南 Ⅳ.①TU473.1-65

中国版本图书馆 CIP 数据核字(2021)第 198867 号

出 版 社:黄河水利出版社
　　　地址:河南省郑州市顺河路黄委会综合楼 14 层　邮政编码:450003
发行单位:黄河水利出版社
　　　发行部电话:0371-66026940、66020550、66028024、66022620(传真)
　　　E-mail:hhslcbs@126.com
承印单位:郑州豫兴印刷有限公司
开本:850 mm×1 168 mm　1/32
印张:2.25
字数:56 千字
版次:2022 年 9 月第 1 版　　　印次:2022 年 9 月第 1 次印刷

定价:36.00 元

河南省住房和城乡建设厅文件

公告〔2022〕50号

河南省住房和城乡建设厅
关于发布工程建设标准《螺杆桩
技术标准》的公告

现批准《螺杆桩技术标准》为我省工程建设地方标准,编号为
DBJ41/T 160-2022,自 2022 年 11 月 1 日起在我省施行。原《螺杆
桩技术规程》(DBJ41/T 160-2016)同时废止。

本标准在河南省住房和城乡建设厅门户网站(www. hnjs. gov.
cn)公开,由河南省住房和城乡建设厅负责管理。

附件:螺杆桩技术标准

河南省住房和城乡建设厅
2022 年 9 月 15 日

前　言

　　根据河南省住房和城乡建设厅《关于发布工程建设地方标准复审结果的通知》(豫建科〔2021〕16 号)的要求,标准编制组经充分调查研究,认真总结实践经验,并在广泛征求意见的基础上,修订了《螺杆桩技术规程》(DBJ41/T 160-2016)。

　　本标准共分 8 章,主要内容包括总则、术语和符号、基本规定、勘察、设计、施工、质量检验与验收、安全和环境保护。

　　本次修订的主要技术内容包括:1.螺杆桩的适用土层;2.螺杆桩桩身直杆段长度和螺纹段长度的比例限制;3.螺杆桩构造参数;4.螺杆桩极限侧阻力标准值和极限端阻力标准值取值;5.螺杆桩桩侧极限侧阻力增强系数;6.自重湿陷性场地螺杆桩桩侧负摩阻力确定方法;7.膨胀土场地大气影响急剧层深度;8.螺杆桩终孔标准;9.螺杆桩施工中最大提钻速度;10.螺杆桩施工工艺流程;11.螺杆桩基础施工质量检验标准;12.桩机适用土层。

　　本标准由河南省住房和城乡建设厅负责管埋,由华北水利水电大学和河南省建筑设计研究院有限公司负责具体技术内容的解释。执行过程中如有意见或建议,请寄送华北水利水电大学(地址:河南省郑州市北环路 36 号,邮政编码:450045)或河南省建筑设计研究院有限公司(地址:河南省郑州市金水路 103 号,邮政编码:450014)。

　　主编单位:华北水利水电大学

　　　　　　　河南省建筑设计研究院有限公司

　　参编单位:中原工学院

　　　　　　　河南省建院勘测设计有限公司

　　　　　　　河南省地矿建设工程(集团)有限公司

河南中核五院研究设计有限公司
中科瑞城设计有限公司
河南工业大学
江苏固创岩土工程有限公司
河南伟华地基工程有限公司
南阳师范学院
南阳市建设工程质量监督站
河南华丰岩土工程有限公司
卓典设计(海南)有限公司
商丘市国基建筑安装有限公司
河南恒泰岩土工程有限公司
山东卓力桩机有限公司

主要起草人：孙瑞民　付进省　关　辉　何德洪　何俊照
　　　　　　葛　伟　高彩琴　郭呈周　陈玉超　林　涛
　　　　　　樊　华　彭桂皎　刘昭运　孟广印　张社伟
　　　　　　张敬国　吕华剑　李小辉　乔承杰　王铁军
　　　　　　付普超　赵海胜　孙　建　翟延彬　朱　龙
　　　　　　邰臣召　李天龙　张全德　王永霞　刘　淼
　　　　　　周战胜　张建永　张建华　孙　杰　陈继国
　　　　　　马　旺　杨如意　靳怡鑫　翟大鹏　王凤良
审查人员：郭院成　李小杰　赵迷军　李亚民　卢培刚
　　　　　　邓小宁　石守亮

目 次

1 总 则

1.0.1 为了在河南省行政区域内使螺杆桩的设计和施工做到安全适用、技术先进、经济合理、确保质量、保护环境,制定本标准。

1.0.2 本标准适用于工业与民用建(构)筑物以及市政工程中螺杆桩的勘察、设计、施工及验收。

1.0.3 螺杆桩的设计与施工,应综合考虑工程地质与水文地质条件、上部结构类型、荷载特征、施工技术及环境条件等因素,结合地区经验,因地制宜,合理选用施工设备和施工工艺,加强施工质量控制和管理。

1.0.4 螺杆桩的勘察、设计、施工及验收,除应符合本标准的规定外,尚应符合国家现行有关标准的规定。

2 术语和符号

2.1 术 语

2.1.1 螺杆桩 part-screw pile

采用具备竖向加压和同步技术的桩机形成的上部为直杆状、下部为螺纹状的组合式灌注桩。

2.1.2 螺杆桩外径 external diameter of part-screw pile

螺杆桩直杆段的桩体直径。

2.1.3 螺杆桩内径 inner diameter of part-screw pile

螺杆桩螺纹段不包括螺牙的桩体直径。

2.1.4 螺牙 screw thread

螺杆桩桩身螺纹段的纹路。

2.1.5 螺距 screw pitch

螺杆桩桩身螺纹段相邻螺牙之间的中心距。

2.1.6 螺牙厚度 thickness of the screw thread

螺牙沿轴线方向的长度。

2.1.7 螺牙宽度 width of the screw thread

螺牙沿径向方向的长度。

2.1.8 同步技术 synchronous technology

钻杆向下(上)移动一个螺距,钻杆正向(反向)旋转一周,在土层中形成螺纹状桩孔或桩的施工技术。

2.1.9 非同步技术 asynchronous technology

钻杆向下(上)移动一个螺距,钻杆正向(反向)旋转不等于一周,在土层中形成圆柱状桩孔或桩的施工技术。

2.2 符 号

2.2.1 作用和作用效应

N —— 荷载效应基本组合时,桩顶轴向压力设计值;

N_s —— 荷载效应基本组合时,作用于螺纹段顶截面的轴向压力设计值;

N_k —— 按荷载效应标准组合计算的基桩拔力;

T_{uk} —— 群桩呈非整体破坏时基桩抗拔极限承载力标准值;

T_{gk} —— 群桩呈整体破坏时基桩抗拔极限承载力标准值;

σ_z —— 作用于软弱下卧层顶面的附加应力。

2.2.2 抗力和材料性能

R_a —— 单桩竖向承载力特征值;

Q_{uk} —— 单桩竖向极限承载力标准值;

Q_{sk1} —— 单桩直杆段总极限侧阻力标准值;

Q_{sk2} —— 单桩螺纹段总极限侧阻力标准值;

Q_{pk} —— 单桩总极限端阻力标准值;

q_{sik}、q_{sjk} —— 桩侧直杆段第 i 层土、螺纹段第 j 层土的极限侧阻力标准值;

q_{pk} —— 极限端阻力标准值;

f_c —— 混凝土轴心抗压强度设计值;

f_y' —— 纵向主筋抗压强度设计值;

f_{az} —— 软弱下卧层经深度 z 修正的地基承载力特征值;

f_{spk} —— 复合地基承载力特征值;

f_{sk} —— 处理后桩间土承载力特征值;

f_{spa} —— 深度修正后的复合地基承载力特征值。

2.2.3 几何参数

A_p —— 桩身截面积;

A_s —— 桩身螺纹段截面积;

u ——桩身周长；

D ——螺杆桩外径；

d ——螺杆桩内径；

b ——螺牙宽度；

l_i、l_j ——桩周直杆段第 i 层土、螺纹段第 j 层土的厚度；

A'_s ——桩身纵向主筋截面积；

z ——承台底面至软弱下卧层顶面的距离；

t ——硬持力层厚度；

A_0、B_0 ——桩群外缘矩形底面的长、短边边长；

θ ——桩端硬持力层压力扩散角度。

2.2.4 计算系数

K ——安全系数；

α ——桩的水平变形系数；

β_{si}、β_{sj} ——桩周直杆段第 i 层土、螺纹段第 j 层土的极限侧阻力增强系数；

ψ_c ——成桩工艺系数；

λ ——单桩承载力发挥系数；

β ——桩间土承载力发挥系数；

m ——面积置换率。

3 基本规定

3.0.1 螺杆桩可作为桩基础的基桩,也可作为复合地基的增强体。

3.0.2 螺杆桩作为复合地基的增强体时,螺杆桩桩身可不配筋。

3.0.3 螺杆桩适用于黏性土、粉土、砂土、湿陷性黄土、碎石土、全风化、强风化岩及中风化软质岩等土(岩)层。对于膨胀土、深厚填土、淤泥质土等土层及地基土中存在承压水等情况,应通过现场试验和地区经验确定其适用性。

3.0.4 欠固结土、湿陷性黄土、可液化土等特殊土地基中采用螺杆桩作为复合地基的增强体时,应采取有效措施保证处理后地基土与增强体共同承担荷载。

3.0.5 螺杆桩应根据具体条件分别进行承载力计算、沉降计算和稳定性验算,所采用的作用效应组合和抗力应与计算或验算的内容相适应。对于需进行沉降计算的螺杆桩基础,在其施工过程及建成使用期间,应进行系统的沉降观测,直至沉降稳定。

3.0.6 螺杆桩应分别对桩身直杆段和螺纹段进行桩身强度验算。

3.0.7 螺杆桩作为桩基础的基桩时,其最小中心距应满足表3.0.7的规定。在桩长范围内有淤泥、淤泥质土层时,宜适当加大桩间距。

3.0.8 螺杆桩作为复合地基的增强体时,桩间距宜为(3~6)D。

3.0.9 螺杆桩应选择稳定且较硬土层作为桩端持力层,桩端全断面进入持力层的深度,应符合下列规定:

 1 对于黏性土、粉土不宜小于2D,砂土不宜小于1.5D,碎石类土不宜小于1D,当存在软弱下卧层时,桩端以下硬持力层厚度不宜小于3D。

表 3.0.7　螺杆桩的最小中心距

土类型	排桩不少于 3 排且桩数不少于 9 根的螺杆桩桩基	其他情况
非饱和土、饱和非黏性土	3.5D	3.0D
饱和黏性土	4.0D	3.5D

注:1. D 为螺杆桩外径;

　　2. 当纵横向桩距不相等时,其最小中心距应满足"其他情况"一栏的规定。

2 嵌岩桩桩端应嵌入完整及较完整的硬质岩中,嵌岩深度应根据荷载、上覆土层、基岩表面坡度、风化程度、桩长、桩径等因素确定。桩端以下 3D 且不小于 5 m 范围内应无软弱夹层、断裂破碎带和洞穴分布,在桩端应力扩散范围内应无岩体临空面,桩身进入中等风化岩体深度不宜小于 0.4D 且不小于 0.5 m。当岩体倾斜度大于 30% 时,宜根据倾斜度及岩石完整性适当加大嵌岩深度。

3 湿陷性黄土和深厚回填土地基的桩基应采用部分挤土施工工艺,桩端穿透湿陷性黄土层和回填土层,并支撑在压缩性低的黏性土、粉土、中密和密实砂土以及碎石土层中。

4 抗震设防区桩基进入液化土层以下稳定土层的长度应计算确定;对于碎石土,砾、粗、中砂,密实粉土,坚硬黏性土尚不应小于(2~3)D,其他非岩石土尚不宜小于(4~5)D。

3.0.10 螺杆桩施工应采用满足技术指标的专用成桩设备。

4 勘　察

4.1　一般规定

4.1.1 岩土工程勘察前应搜集场地及场地附近的地质资料、工程经验,并应取得下列资料:

　　1 建筑场地地形图、建筑总平面图等;

　　2 建筑物上部荷载、功能特点、结构类型、拟采用基础形式及埋深和变形限制等资料;

　　3 场地周边环境条件及地下管线、高压架空线、地下构筑物等的分布情况。

4.1.2 岩土工程勘察应采用与场地岩土特性相适应的勘察手段进行,对黏性土、粉土和砂土,宜采用静力触探和标准贯入试验;对碎石土,宜采用重型或超重型圆锥动力触探;对黄土或膨胀土,应布置一定数量的探井。

4.2　勘察要求

4.2.1 螺杆桩的详细勘察除应符合现行国家标准《岩土工程勘察规范》GB 50021 的有关要求外,尚应符合下列规定:

　　1 勘探点的布置。

　　(1)勘探点的布置及控制性钻孔深度应根据地形地貌条件和地基基础设计等级确定。

　　(2)勘探点宜按建筑物周边线和角点布设;对高度超过30层、宽度超过30 m 的高层建筑物应在中心点或电梯井、核心筒部位布设勘探点;在建筑物层数、荷载变化较大处应布设勘探点。

　　(3)控制性勘探点数量不应少于勘探点总数的1/2。

　　(4)单栋高层建筑勘探点数量不应少于 4 个,且控制性勘探点不应少于 2 个;对密集高层建筑群,勘探点可适当减少,相邻高层建筑的勘探点可相互共用,但每栋建筑物至少应有 1 个控制性勘探点。

(5)高重心的独立构筑物,如烟囱、水塔等,以及重大设备基础、动力设备基础应单独布置勘探点,勘探点数量不宜少于 3 个。

2 勘探点间距。

(1)宜按 20~30 m 间距布置勘探点,遇到土层性质或状态在水平方向变化较大或存在可能影响成桩的土层时,应适当加密勘探点;

(2)对于荷载较大或深厚填土、碎石土、岩土界面坡率大于 10% 等复杂地基的一柱一桩工程,宜每桩设置勘探点。

3 勘探孔深度。

(1)一般性勘探孔深度应达到预计桩端以下 $(3~5)D$ 且不应小于 5 m;对于嵌岩桩,勘探孔深度均应达到预计嵌岩面以下 $(3~5)D$,并穿过破碎带或溶洞等进入稳定地层;

(2)对需作变形计算的地基,控制性勘探孔的深度应超过地基变形计算深度 1~2 m;

(3)对需设置抗拔桩的地基,勘探孔深度应满足抗拔承载力评价的要求。

4.2.2 施工揭露地质条件与勘察报告出现明显差异时,应进行施工勘察。

4.3 勘察评价

4.3.1 应根据已掌握的勘察资料,评价螺杆桩成孔和成桩的可能性,并应有明确结论。

4.3.2 应分析成桩工艺对周围土体、邻近建(构)筑物、管网、工程设施和环境的影响,并提出保护措施和建议。

4.3.3 应对场地的不良地质作用以及液化土、湿陷性土、膨胀土、填土等特殊岩土对桩基工程的危害程度有明确的判断和结论,并提出防治方案和建议。

4.3.4 应提供场地地下水的类型、埋藏条件、水位标高及其变化幅度等水文地质条件;并判定地下水、土对建筑材料的腐蚀性,评价地下水对螺杆桩基础设计和施工的影响。

4.3.5 应提供各层岩土的桩侧阻力、桩端阻力、天然地基承载力及抗剪强度等岩土参数,必要时提出估算的竖向和水平承载力。

4.3.6 应提供可采用的桩端持力层,提出桩长、桩径、桩间距的建议。

4.3.7 对需要进行沉降计算的工程,应提供计算所需的各层岩土变形参数,并宜进行沉降估算。

5 设 计

5.1 一般规定

5.1.1 螺杆桩设计等级、设计所采用的作用效应组合及相应的抗力应按现行行业标准《建筑桩基技术规范》JGJ 94 执行。

5.1.2 螺杆桩作为复合地基的增强体时,基底压力及承载力计算应符合现行国家标准《建筑地基基础设计规范》GB 50007 的相关规定。

5.1.3 螺杆桩单桩竖向承载力特征值应按下列公式确定:

$$R_a = \frac{1}{K} Q_{uk}$$

式中 Q_{uk} ——单桩竖向极限承载力标准值;

K ——安全系数,一般可取 2。

5.2 基桩构造

5.2.1 螺杆桩设计桩径宜为 400 mm、500 mm、600 mm、700 mm 或 800 mm。螺杆桩大样图详见附录 A。

5.2.2 螺杆桩应根据工程地质条件、水文地质条件、上部荷载条件、施工设备、施工工艺确定桩长、桩径、桩身螺纹段长度等设计参数。

5.2.3 螺杆桩螺纹段长度宜为桩长的 2/3,且直杆段长度不宜小于 5D。当桩周土的沉降可能引起桩侧负摩阻力时,中性点以上桩身应设计为直杆段。

5.2.4 螺杆桩的构造参数宜按表 5.2.4 选用。当采用非常规尺寸时,应对桩身螺牙的受力进行试验和验算。

5.2.5 螺杆桩桩身正截面配筋率宜取 0.65%～0.30%,小直径桩取高值;抗拔桩和端承桩应通过计算确定配筋率。

表 5.2.4　螺杆桩构造参数 　　　　　　（单位:mm）

外径 D	内径 d	螺牙根部厚度 t_1	螺牙端部厚度 t_2	螺距 h
400	340~360	80	40	300
500	440~460	80	40	300
600	540~560	80	40	300
700	640~660	100	50	350
800	740~760	100	50	350

5.2.6 对于承受竖向荷载的桩,桩身纵向主筋不应少于 6 Φ 10;承受水平荷载的桩,桩身纵向主筋不应少于 8 Φ 12。纵向主筋应沿桩身周边均匀布置,净距不应小于 60 mm。纵向主筋长度应符合下列规定:

1 螺杆桩桩身配筋长度不宜小于桩长的 2/3;当受水平荷载时,配筋长度尚不宜小于 $4.0/\alpha$ (α 为桩的水平变形系数,其数值应按现行行业标准《建筑桩基技术规范》JGJ 94 确定)。

2 承受地震作用的基桩,桩身配筋长度应穿过可液化土层和软弱土层进入稳定土层,进入稳定土层深度不应小于 $3D$。

3 受负摩阻力的桩,桩身配筋长度应穿过软弱土层进入稳定土层,进入稳定土层深度不应小于 $3D$。

4 抗拔桩应沿桩身通长配筋。

5.2.7 螺杆桩箍筋应采用螺旋式,直径不应小于 6 mm,间距宜为 200~300 mm;受水平荷载较大的桩基、承受水平地震作用的桩基以及计入主筋作用计算桩身受压承载力时,桩顶以下 $5D$ 范围内的箍筋应加密,间距不应大于 100 mm;当桩身位于软弱土层或液化土层范围内时箍筋应加密;当考虑箍筋受力作用时,箍筋配置应符合现行国家标准《混凝土结构设计规范》GB 50010 的有关规定;当钢筋笼长度超过 4 m 时,应每隔 2 m 设一道直径不小于 12 mm 的焊接加劲箍筋。

5.2.8 钢筋笼应整体制作,底部应加工成锥状并采取加强措施。

5.2.9 螺杆桩主筋混凝土保护层厚度不应小于 35 mm,水下灌注时，主筋混凝土保护层厚度不应小于 50 mm。

5.2.10 螺杆桩桩身混凝土强度应符合下列规定：

    1 螺杆桩作为桩基础的基桩时，桩身混凝土强度等级不应小于 C30。

    2 螺杆桩作为复合地基增强体时，桩身混凝土强度等级不应小于 C25。

5.3 桩基础设计

5.3.1 螺杆桩单桩竖向极限承载力标准值，应通过现场静载试验确定。初步设计时可按下列公式计算：

$$Q_{uk} = Q_{sk1} + Q_{sk2} + Q_{pk} = u \sum \beta_{si} q_{sik} l_i + u \sum \beta_{sj} q_{sjk} l_j + q_{pk} A_p$$

$$(5.3.1)$$

式中 Q_{sk1}——单桩直杆段总极限侧阻力标准值，kN；

        Q_{sk2}——单桩螺纹段总极限侧阻力标准值，kN；

        Q_{pk}——单桩总极限端阻力标准值，kN；

        u——桩身周长，$u = \pi D$，D 为螺杆桩外径，m；

        q_{sik}、q_{sjk}——桩侧直杆段第 i 层土、螺纹段第 j 层土的极限侧阻力标准值，无地区经验时，可按表 5.3.1-1 取值；

        q_{pk}——极限端阻力标准值，无地区经验时，可按表 5.3.1-2 取值；

        l_i、l_j——桩周直杆段第 i 层土、螺纹段第 j 层土的厚度，m；

        β_{si}、β_{sj}——桩周直杆段第 i 层土、螺纹段第 j 层土的极限侧阻力增强系数，宜根据现场单桩静载试验结果确定，无地区经验时，β_{si} 可取 1.0，β_{sj} 可按表 5.3.1-3 取值；

        A_p——桩身截面积，m²。

表 5.3.1-1 桩的极限侧阻力标准值 q_{sik}、q_{sjk}

单位：kPa

土的名称	土的状态		N	q_{sik} / q_{sjk}
填土	—		—	22~30
淤泥	—		$N<3$	14~20
淤泥质土	—		$3<N\leq5$	22~30
黏性土	流塑	$I_L>1$	$N\leq2$	24~40
	软塑	$0.75<I_L\leq1$	$2<N\leq4$	40~55
	可塑	$0.50<I_L\leq0.75$	$4<N\leq8$	55~70
	硬可塑	$0.25<I_L\leq0.50$	$8<N\leq15$	70~86
	硬塑	$0<I_L\leq0.25$	$15<N\leq30$	86~98
	坚硬	$I_L\leq0$	$N>30$	98~105
粉土	稍密	$e>0.9$	$2<N\leq6$	26~46
	中密	$0.75\leq e\leq0.90$	$6<N\leq12$	46~66
	密实	$e<0.75$	$12<N\leq30$	66~88

续表 5.3.1-1

土的名称	土的状态	N	q_{sik} / q_{sjk}
粉细砂	稍密	$10<N \leqslant 15$	$24\sim48$
	中密	$15<N \leqslant 30$	$48\sim66$
	密实	$N>30$	$66\sim88$
中砂	中密	$15<N \leqslant 30$	$54\sim74$
	密实	$N>30$	$74\sim95$
粗砂	中密	$15<N \leqslant 30$	$74\sim95$
	密实	$N>30$	$95\sim116$
砾砂	稍密	$5<N_{63.5} \leqslant 15$	$70\sim110$
	中密（密实）	$N_{63.5}>15$	$116\sim138$
圆砾、角砾	中密、密实	$N_{63.5}>10$	$160\sim200$
碎石、卵石	中密、密实	$N_{63.5}>10$	$200\sim300$
全风化软质岩	—	$30<N \leqslant 50$	$100\sim120$
全风化硬质岩	—	$30<N \leqslant 50$	$140\sim160$

续表 5.3.1-1

土的名称	土的状态	N	q_{sik} / q_{gik}
强风化软质岩	—	$N_{63.5}>10$	160~240
强风化硬质岩	—	$N_{63.5}>10$	220~300
中风化软质岩	—	$N_{63.5}>10$	180~260

注：1. 对于未完成自重固结的填土和含少量生活垃圾的杂填土，除不应考虑中性点深度以上土层的侧阻力外，尚应扣除桩侧负摩阻力；

2. N 为标准贯入击数，$N_{63.5}$ 为重型圆锥动力触探击数，表中极限侧阻力标准值 q_{sik}、q_{gik} 可根据标准贯入试验实测击数用插入法求取；

3. 全风化、强风化软质岩和全风化、强风化硬质岩是指其母岩为 $f_{rk}≤15$ MPa、$f_{rk}>30$ MPa 的岩石；

4. 湿陷性黄土按照土的分类和状态取值。

表5.3.1-2 桩的极限端阻力标准值 q_{pk}

（单位：kPa）

土的名称	土的状态			q_{pk}			
				$l≤9$	$9<l≤16$	$16<l≤30$	$l>30$
黏性土	软塑	$0.75<I_L≤1$	$2<N≤4$	210~850	650~1 400	1 200~1 800	1 300~1 900
	可塑	$0.50<I_L≤0.75$	$4<N≤8$	850~1 700	1 400~2 200	1 800~2 800	2 300~3 600
	硬可塑	$0.25<I_L≤0.50$	$8<N≤15$	1 500~2 300	2 300~3 300	2 700~3 600	3 600~4 400
	硬塑	$0<I_L≤0.25$	$15<N≤30$	2 500~3 800	3 800~5 500	5 500~6 000	6 000~6 800
粉土	中密	$0.75≤I_L≤0.90$	$6<N≤12$	950~1 700	1 400~2 100	1 900~2 700	2 400~3 400
	密实	$e<0.75$	$12<N≤30$	1 500~2 600	2 100~3 000	2 700~3 600	3 600~4 400
粉砂	稍密		$10<N≤15$	1 000~1 600	1 500~2 300	1 900~2 700	2 100~3 000
	中密、密实	—	$N>15$	1 400~2 200	2 100~3 000	3 000~4 500	3 800~5 500
细砂	中密、密实	—	$N>15$	2 500~4 000	3 600~5 000	4 400~6 000	5 300~7 000
中砂	中密、密实			4 000~6 000	5 500~7 000	6 500~8 000	7 500~9 000
粗砂	中密、密实			5 700~7 500	7 500~8 500	8 500~10 000	9 500~11 000

续表 5.3.1-2

土的名称	土的状态	N	q_{pk}			
			$l\leqslant9$	$9<l\leqslant16$	$16<l\leqslant30$	$l>30$
砾砂	中密、密实	$N>15$	6 000~9 500		9 000~10 500	
圆砾、角砾	—	$N_{63.5}>10$	7 000~10 000		9 500~11 500	
碎石、卵石	—	$N_{63.5}>10$	8 000~11 000		10 500~13 000	
全风化软质岩	—	$30<N\leqslant50$		4 000~6 000		
全风化硬质岩	—	$30<N\leqslant50$		5 000~8 000		
强风化软质岩	—	$N_{63.5}>10$		6 000~9 000		
强风化硬质岩	—	$N_{63.5}>10$		7 000~11 000		
中风化软质岩	—	$N_{63.5}>10$		9 000~13 000		

注:1. l 为螺杆桩桩长,m;

2. 砂土和碎石土中桩的极限端阻力取值宜综合考虑土的密实度、桩端进入持力层的深度比 h_b/D,土愈密实,h_b/D 愈大,取值愈高;

3. N 为标准贯入击数;$N_{63.5}$ 为重型圆锥动力触探击数;表中极限端阻力标准值 q_{pk} 可根据标准贯入试验实测击数用插入法求取。

4. 全风化、强风化软质岩和全风化、强风化硬质岩是指其母岩分别为 $f_{rk}\leqslant15$ MPa $f_{rk}>30$ MPa 的岩石。

表 5.3.1-3 桩侧极限侧阻力增强系数 β_{sj}

土的名称	土的状态	桩侧极限侧阻力增强系数 β_{sj}
黏性土	软塑	1.0~1.5
	可塑	1.5~1.8
	硬塑、坚硬	1.2~1.5
粉土	稍密	1.5~1.8
	中密	1.6~1.9
	密实	1.3~1.5
粉细砂	稍密	1.5~1.7
	中密	1.5~1.8
	密实	1.2~1.5
中砂	中密	1.6~1.7
	密实	1.2~1.5
粗砂	中密	1.6~1.7
	密实	1.2~1.5
砾砂	中密	1.5~1.7
	密实	1.2~1.5
砾石、卵石	松散	1.5~1.7
	中密、密实	1.2~1.5
风化岩	全风化、强风化	1.2~1.5
	中风化软质岩	1.0~1.2

5.3.2 螺杆桩应分别对桩身直杆段和螺纹段进行桩身承载力验算。螺杆桩轴心受压时桩身正截面受压承载力应符合下列规定：

1 桩顶以下 5D 范围的桩身螺旋式箍筋间距不大于 100 mm，且符合本标准第 5.2.5 条和第 5.2.7 条规定时，直杆段正截面受压承载力应满足下列公式要求：

$$N \leqslant \psi_c f_c A_p + 0.9 f'_y A'_s \qquad (5.3.2\text{-}1)$$

2 当桩身配筋不符合上述 1 款规定时，直杆段正截面受压承载力应满足下列公式要求：

$$N \leqslant \psi_c f_c A_p \qquad (5.3.2\text{-}2)$$

3 螺纹段正截面受压承载力应满足下列公式要求：

$$N_s \leqslant \psi_c f_c A_s \qquad (5.3.2\text{-}3)$$

式中 N ——荷载效应基本组合时，桩顶轴向压力设计值，kN；

        N_s ——荷载效应基本组合时，作用于螺纹段顶截面的轴向压力设计值，kN，对于端承桩或长径比小于 15 的嵌岩桩，螺杆灌注桩螺纹段桩身正截面压力应按下列公式计算：$N_s = N$，其他情况可按下列公式计算：$N_s = N - 0.675u \sum q_{sik} l_i$，其中 l_i 为桩周直杆段第 i 层土的厚度，m；

        f_c ——混凝土轴心抗压强度设计值，应符合现行国家标准《混凝土结构设计规范》GB 50010 的有关规定；

        f'_y ——纵向主筋抗压强度设计值，kPa；

        A_p ——桩身截面积，$A_p = \dfrac{\pi D^2}{4}$，m²；

        A_s ——桩身螺纹段截面积，$A_s = \dfrac{\pi d^2}{4}$，m²；

        A'_s ——桩身纵向主筋截面积，m²；

        ψ_c ——成桩工艺系数，一般可取为 0.75。

5.3.3 对于桩身周围有液化土层的低承台桩基，当承台底面上、下分别有厚度不小于 1.5 m、1.0 m 的非液化土层或非软弱土层时，可将液化土层极限侧阻力乘以土层液化影响折减系数，计算单桩极限承载力标准值。土层液化影响折减系数可按表5.3.3确定。

表5.3.3 土层液化影响折减系数

$\lambda_{\mathrm{N}} = \dfrac{N}{N_{\mathrm{cr}}}$	自地面算起的液化土层深度 d_{L}（m）	土层液化影响折减系数
$\lambda_{\mathrm{N}} \leqslant 0.6$	$d_{\mathrm{L}} \leqslant 10$	0
	$10 < d_{\mathrm{L}} \leqslant 20$	1/3
$0.6 < \lambda_{\mathrm{N}} \leqslant 0.8$	$d_{\mathrm{L}} \leqslant 10$	1/3
	$10 < d_{\mathrm{L}} \leqslant 20$	2/3
$0.8 < \lambda_{\mathrm{N}} \leqslant 1.0$	$d_{\mathrm{L}} \leqslant 10$	2/3
	$10 < d_{\mathrm{L}} \leqslant 20$	1

注:1. N 为饱和土标贯击数实测值, N_{cr} 为液化判别标贯击数临界值;

2. 当桩距不大于4D,且桩的排数不少于5排、总桩数不少于25根时,土层液化影响折减系数可按表列值提高一档取值。

当承台底面上、下非液化土层厚度小于以上规定时,土层液化影响折减系数取为0。

5.3.4 湿陷性黄土场地的螺杆桩基础,其单桩竖向承载力特征值取值应符合下列规定:

1 基底下湿陷性黄土层厚度不小于10 m时,单桩竖向承载力特征值应通过单桩竖向静载浸水试验确定。

2 基底下湿陷性黄土层厚度小于10 m或单桩竖向静载荷试验进行浸水试验确有困难时,单桩竖向承载力特征值可按本标准第5.3.1条、第5.3.5条和第5.3.6条的规定进行估算。

5.3.5 在非自重湿陷性黄土场地,计算单桩竖向承载力时,湿陷性黄土层内的桩长部分可取桩周土在饱和状态下的正侧阻力。

5.3.6 在自重湿陷性黄土场地,单桩竖向承载力的计算除不应计中性点深度以上黄土层的正侧阻力外,尚应扣除桩侧的负摩阻力,并应符合下列规定:

1 负摩阻力值宜通过现场浸水试验测定,无场地负摩阻力实测资料时,可按表5.3.6-1中的数值估算。

表5.3.6-1 桩侧平均负摩阻力特征值

自重湿陷量计算值或实测值(mm)	桩侧平均负摩阻力特征值(kPa)
70~200	15
≥200	20

2 无现场浸水试验实测资料时,中性点深度可按表5.3.6-2中的数值估算。

表5.3.6-2 中性点深度

自重湿陷土层深度(m)	中性点深度(m)
≤22	按现场实测或计算湿陷下限深度确定
>22	按22 m湿陷深度确定

5.3.7 膨胀土场地的螺杆桩基础,桩基础设计时应依据现行国家标准《膨胀土地区建筑技术规范》GB 50112的有关要求,考虑土中水分变化对其承载力或桩身强度的影响。大气影响急剧层深度可按表5.3.7确定。

表5.3.7 河南省膨胀土湿度系数、大气影响深度、大气影响急剧层深度

(单位:m)

地区	湿度系数	大气影响深度	大气影响急剧层深度
平顶山	0.72	4.0	1.8
南阳	0.79	3.6	1.6
许昌	0.71	4.0	1.8
鹤壁	0.71	4.0	1.8
驻马店	0.79	3.6	1.6

5.3.8 膨胀土场地桩承台梁下应留有空隙,其值应大于土层浸水后的最大涨缩量,且不应小于100 mm。承台梁两侧应采取防止空隙堵塞的措施。

5.3.9 当桩身承受胀拔力时,应进行桩身抗拉强度和裂缝宽度控制验算,并应采取通长配筋,最小配筋率应符合现行国家标准《建

筑地基基础设计规范》GB 50007 的规定。

5.3.10 螺杆桩桩端持力层下受力范围内存在承载力低于桩端持力层承载力 1/3 的软弱下卧层时,可按下列公式验算软弱下卧层的承载力(见图 5.3.10):

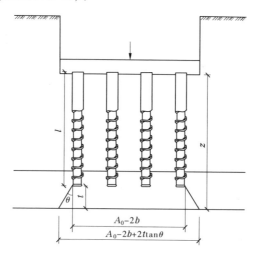

图 5.3.10 软弱下卧层承载力验算

$$\sigma_z + \gamma_m z \leqslant f_{az} \qquad (5.3.10\text{-}1)$$

$$\sigma_z = \frac{F_k + G_k - 3/2(A_0 + B_0)\sum q_{sik}l_i}{(A_0 - 2b + 2t\tan\theta)(B_0 - 2b + 2t\tan\theta)}$$

$$(5.3.10\text{-}2)$$

式中 σ_z——作用于软弱下卧层顶面的附加应力,kPa;

γ_m——软弱层顶面以上各土层重度(地下水位以下取浮重度)按厚度加权平均值,kN/m³;

z——承台底面至软弱下卧层顶面的距离,m;

t——硬持力层厚度,m;

f_{az}——软弱下卧层经深度 z 修正的地基承载力特征值,kPa;

A_0、B_0——桩群外缘矩形底面的长、短边边长,m;

q_{sik}——桩周第 i 层土的极限侧阻力标准值,kPa;

θ——桩端硬持力层压力扩散角,按表 5.3.10 取值。

表 5.3.10 桩端硬持力层压力扩散角 θ

E_{s1}/E_{s2}	扩散角 θ	
	$t = 0.25B_0$	$t \geqslant 0.5B_0$
1	4°	12°
3	6°	23°
5	10°	25°
10	20°	30°

注:1. E_{s1}、E_{s2} 分别为硬持力层、软弱下卧层的压缩模量。

2. 当 $t < 0.25B_0$ 时,取 $\theta = 0°$,必要时,宜通过试验确定;当 $0.25B_0 < t < 0.50B_0$ 时,可内插取值。

5.3.11 对于承受拔力的桩基,应按下列公式同时验算群桩基础呈整体破坏和呈非整体破坏时基桩的抗拔承载力:

$$N_k \leqslant T_{uk}/2 + G_p \qquad (5.3.11\text{-}1)$$

$$N_k \leqslant T_{gk}/2 + G_{gp} \qquad (5.3.11\text{-}2)$$

$$T_{uk} = \sum \lambda_i q_{sik} u_i l_i \qquad (5.3.11\text{-}3)$$

$$T_{gk} = \frac{1}{n} u_l \sum \lambda_i q_{sik} l_i \qquad (5.3.11\text{-}4)$$

式中 N_k——按荷载效应标准组合计算的基桩拔力,kN;

T_{uk}——群桩呈非整体破坏时基桩抗拔极限承载力标准值,kN,应通过现场单桩上拔静载荷试验确定,如无当地经验,可按式(5.3.11-3)计算;

T_{gk}——群桩呈整体破坏时基桩抗拔极限承载力标准值,kPa,可按式(5.3.11-4)计算;

G_p——基桩自重,地下水位以下取浮重度,kN;

G_{gp}——群桩基础所包围体积的桩土总自重除以总桩数,
地下水位以下取浮重度,kN;

u_i——桩身周长,m,$u_i = \pi D$;

λ_i——抗拔系数,可按表 5.3.11 取值;

u_l——桩群外围周长,m。

表 5.3.11　抗拔系数 λ_i

土类	λ_i 值
砂土	0.50~0.70
黏性土、粉土	0.70~0.80

注:桩长 l 与桩径 D 之比小于 20 时,λ_i 取小值。

5.3.12 对于受水平荷载较大、建筑桩基设计等级为甲级的建筑物,螺杆桩的水平承载力特征值应通过单桩静载荷试验确定,检测数量应符合现行行业标准《建筑基桩检测技术规范》JGJ 106 的有关规定。当缺少单桩水平载荷试验资料时,螺杆桩水平承载力估算可按现行行业标准《建筑桩基技术规范》JGJ 94 执行。

5.3.13 螺杆桩桩基的沉降计算可按现行行业标准《建筑桩基技术规范》JGJ 94 执行。

5.4　复合地基设计

5.4.1 螺杆桩作为复合地基增强体时,桩径宜为 400 mm 或 500 mm。

5.4.2 螺杆桩复合地基承载力特征值应通过现场载荷试验确定。初步设计时可按下列公式计算:

$$f_{spk} = \lambda m \frac{R_a}{A_p} + \beta(1-m)f_{sk} \qquad (5.4.2)$$

式中　f_{spk}——复合地基承载力特征值,kPa;

f_{sk}——处理后桩间土承载力特征值,kPa,可按地区经验确

定,无地区经验时,一般黏性土可取天然地基承载力特征值,松散砂土、粉土可取天然地基承载力特征值的 1.2~1.5 倍;

R_a ——单桩竖向承载力特征值,kN;

λ ——单桩承载力发挥系数,可按地区经验取值,无地区经验时,可取 0.8~0.9;

m ——面积置换率,$m = D^2/D_e^2$,D_e 为一个桩分担的处理地基面积的等效圆直径,等边三角形布桩 $D_e = 1.05s$,正方形布桩 $D_e = 1.13s$,矩形布桩 $D_e = 1.13\sqrt{s_1 s_2}$,s、s_1、s_2 分别为桩间距、纵向桩间距和横向桩间距;

β ——桩间土承载力发挥系数,可按地区经验取值,无经验时可取 0.9~1.0。

5.4.3 螺杆桩作为复合地基的增强体时,桩身强度应满足式(5.4.3-1)的要求。当复合地基承载力进行基础埋深的深度修正时,增强体桩身强度应满足式(5.4.3-2)的要求。

$$f_{cu} \geqslant 4 \frac{\lambda p_k}{A_p} \qquad (5.4.3\text{-}1)$$

$$f_{cu} \geqslant 4 \frac{\lambda p_k}{A_p} \left[1 + \frac{\gamma_m (d - 0.5)}{f_{spa}} \right] \qquad (5.4.3\text{-}2)$$

式中 f_{cu} ——桩体试块(边长 150 mm 立方体)标准养护 28 d 的立方体抗压强度平均值,kPa;

γ_m ——基础底面以上土的加权平均重度,地下水位以下取浮重度,kN/m³;

d ——基础埋置深度,m;

f_{spa} ——深度修正后的复合地基承载力特征值,kPa;

p_k ——作用于直杆段的轴向压力时,$p_k = R_a$,端承桩或长径比小于 15 的嵌岩桩,螺杆灌注桩螺纹段顶截面

的轴向压力 $p_k = R_a$,其他情况下螺纹段顶截面的轴向压力 $p_k = R_a - 0.5u\sum q_{sik}l_i$。

5.4.4 螺杆桩复合地基在受力范围内存在软弱下卧层时,应进行软弱下卧层地基承载力验算,验算方法按本标准5.3.10条执行。

5.4.5 螺杆桩复合地基应在基础和增强体之间设置褥垫层,褥垫层的设置应符合下列规定。

1 褥垫层厚度宜按下列要求确定:

(1)一般条件下的复合地基,褥垫层厚度宜取 200~300 mm,桩竖向抗压承载力高、桩径或桩距大时应取大值;

(2)螺杆桩与其他材料增强体桩组合的复合地基,宜取螺杆桩直径的1/2。

2 褥垫层材料可选用中、粗砂或最大粒径不大于 25 mm 的级配砂石。

3 对膨胀土地基或未要求全部消除湿陷性的黄土地基,宜采用灰土褥垫层,其厚度不宜小于 300 mm。

4 砂石褥垫层夯填度(夯实后的厚度与虚铺厚度的比值)不应大于 0.9,灰土褥垫层压实系数不应小于 0.97。

5 褥垫层设置范围应大于基础范围,每边超出基础外边缘宽度宜为 200~300 mm。

5.4.6 螺杆桩复合地基变形计算可按现行行业标准《建筑地基处理技术规范》JGJ 79 的有关规定执行。

6 施 工

6.1 一般规定

6.1.1 施工场地应符合下列规定:

1 施工场地地基承载力应大于桩机接地比压的 1.2 倍;

2 施工前应平整场地,清除地上和地下障碍物,整平后地面坡度宜小于 3%;

3 桩基施工用的供水、供电、道路、排水、临时房屋等临时设施,应在开工前准备就绪;

4 临近边坡桩基应在保证边坡稳定条件下进行施工。

6.1.2 螺杆桩终孔标准应结合工程地质情况、入土深度、桩端持力层性状及竖向加压力、钻进扭矩等因素综合确定,且应符合下列标准:

1 对于摩擦型桩,应以控制桩长为主,以控制竖向加压力、钻进扭矩为辅;

2 桩端进入坚硬、硬塑的黏性土,中密以上粉土、砂土、卵石、极软—软岩时,应以控制竖向加压力、钻进扭矩为主,以控制桩长为辅;

3 若竖向加压力、钻进扭矩达到要求而设计桩长未达到,应查明原因,必要时进行施工勘察。

6.1.3 施工前应进行工艺性成桩试验,确定钻进速度、钻杆提升速度、泵送速度、混凝土充盈系数、竖向加压力和钻进扭矩等参数。

6.1.4 螺杆桩施工宜采用加压及同步技术,施工时遇有密实碎石土、岩层时可采用非同步技术。

6.1.5 螺杆桩施工中最大提钻瞬时速度应符合表 6.1.5 的规定。

表 6.1.5　最大提钻瞬时速度

桩径(mm)	400	500	600	700 以上
最大提钻瞬时速度(m/min)	3.0	1.8	1.2	1.0

6.1.6 成桩过程应根据土质、布桩情况,采取措施削减挤土效应的不利影响,确保成桩质量。

6.2　施工准备

6.2.1 螺杆桩施工前应具备下列资料:

    1 建筑场地岩土工程勘察报告;

    2 施工图设计文件、试桩资料及图纸会审纪要;

    3 建筑场地和邻近区域地面建筑物及地下管线、地下构筑物等的调查资料;

    4 主要施工机械及其配套设备的技术性能资料;

    5 专项施工方案;

    6 混凝土、水泥、砂、石、钢筋等原材料的质检报告。

6.2.2 施工人员应符合下列规定:

    1 应根据专项施工方案的要求,合理配备人员,建立健全工程质量保证体系;

    2 施工前应对作业人员做好技术交底和安全交底工作。

6.2.3 施工机械及其配套设备的技术性能应符合下列规定:

    1 施工机械应根据桩径、成孔深度、土层情况和试桩资料综合确定;

    2 施工设备设施应具有出厂合格证,其性能指标应符合现行相关国家标准的规定;

    3 应根据桩基施工过程质量控制的要求配备相应的检查仪器、仪表,其技术性能指标应符合现行相关国家标准的规定。

6.2.4 原材料的质量检验应符合下列规定:

1 钢筋、混凝土等原材料的质量检验应符合设计要求和现行国家标准《混凝土结构工程施工质量验收规范》GB 50204 的相关规定；

2 钢材的原材、焊接或连接检测应符合设计要求和现行国家标准《钢结构工程施工质量验收标准》GB 50205 的规定。

6.2.5 施工前应对场地测量基准控制点和水准点进行复核,建立桩基轴线控制网。

6.3 施工控制

6.3.1 螺杆桩施工应根据土层情况和荷载要求选择合适的成桩工艺,宜按表 6.3.1 选用。

表 6.3.1 螺杆桩成桩工艺

桩段		下钻	提钻
直杆段	非挤土敏感土层	正向同步技术	正向非同步技术
	挤土敏感土层	正向非同步技术	
螺纹段		正向同步技术	反向同步技术

6.3.2 螺杆桩的施工顺序应符合下列规定:

1 布桩较密且距周边建(构)筑物较远、施工场地较开阔时,宜从中间开始向四周进行;布桩密集、场地狭长、两端距建(构)筑物较远时,宜从中间开始向两端进行;若布桩密集且一侧靠近建(构)筑物时,宜从毗邻建(构)筑物的一侧开始由近及远地进行。

2 宜先施工长桩,后施工短桩。

3 宜先施工大直径桩,后施工小直径桩。

4 宜先施工主楼(高层)桩,后施工裙房(低层)桩。

5 宜先施工密距桩,后施工疏距桩。

6 施工中应规划好桩机行走路线,避免桩机碾压成品桩。

6.3.3 螺杆桩施工工艺流程如图6.3.3所示。

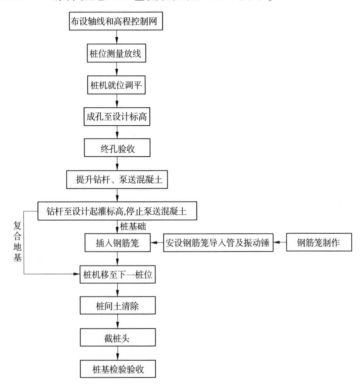

图6.3.3　螺杆桩施工工艺流程

6.3.4 螺杆桩成孔过程应符合下列规定:

1 桩机就位后应保证平整、稳固,确保在成桩过程中不发生倾斜和偏移,钻机上应设置控制深度和垂直度的仪表和标尺,并应在施工中进行观测记录。

2 施工钻机就位后,应对放线后桩位进行检查,群桩桩位放样允许偏差应为20 mm,单排桩桩位放样允许偏差应为10 mm。

3 桩机开始下钻时,下钻速度应缓慢,钻进过程中,桩机施加扭矩的同时施加竖向压力,钻杆正向旋转钻进,钻进至设计深度前,不应反向旋转或提升钻杆。

6.3.5 螺杆桩提钻及泵送混凝土过程应符合下列规定:

1 当钻头达到设计深度后,应先泵入混凝土,再反向旋转提钻。螺纹段应采用反向同步提钻,直杆段应采用非同步提钻。

2 提钻及泵送过程应连续进行,提钻速度应与混凝土泵送量相匹配。

3 严禁先提钻后泵送混凝土,提钻过程中钻杆芯管内混凝土高度应高于钻头不小于2.0 m。

4 施工中应控制最后灌注量,超灌高度宜为0.8~1.0 m;对欠固结土或可能产生剪切液化的粉土、粉砂,应通过试验确定超灌高度。

6.3.6 螺杆桩钢筋笼制作、安装应符合下列规定:

1 钢筋笼加劲箍筋宜设置在主筋内侧,因施工有特殊要求时也可设置于外侧。

2 钢筋笼焊接应全节点焊接,并应符合现行国家标准《混凝土结构工程施工质量验收规范》GB 50204和行业标准《钢筋焊接及验收规桯》JGJ 18的要求。

3 搬运和吊装钢筋笼时,应防止变形。

4 螺杆桩宜采用后插钢筋笼工艺。

6.3.7 成桩过程中,应现场取样制作混凝土试块,每个灌注台班不得少于1组,每组试件不应少于3件。

6.3.8 清理桩间土和截桩时,应采用人工或小型机械进行施工,避免造成桩顶标高以下桩身断裂和扰动桩间土。

7 质量检验与验收

7.1 一般规定

7.1.1 施工前及施工过程中需进行的检验项目应制订检测试验计划,并应做好相应记录、校审并存档。

7.1.2 工程桩应进行承载力和桩身完整性检验。

7.1.3 主控项目的质量检验结果必须全部符合检验标准,一般项目的验收合格率不得低于80%。

7.1.4 施工过程中应对桩顶和地面土体的竖向和水平位移进行系统观测,若发现异常,应及时采取有效措施。

7.2 质量检验

7.2.1 螺杆桩桩基础施工质量检验应符合表7.2.1的规定。

7.2.2 螺杆桩复合地基施工质量检验应符合表7.2.2的规定。

7.2.3 基桩承载力检验应采用单桩静载荷试验,复合地基承载力检验应采用单桩静载荷试验和复合地基静载荷试验。

7.2.4 承载力检验宜在施工结束28 d后进行,其桩身强度应满足试验荷载条件。

7.2.5 桩身质量除对预留混凝土试件进行强度等级检验外,尚应进行现场检测。现场检测方法采用动测法。

7.2.6 采用低应变法检测螺杆桩桩身完整性时,抽检数量不应少于总桩数的30%,且不得少于20根。

7.2.7 桩身完整性及承载力检测,除应符合本标准规定外,尚应符合现行行业标准《建筑基桩检测技术规范》JGJ 106和《建筑地基检测技术规范》JGJ 340的有关规定。

表 7.2.1 螺杆桩桩基础施工质量检验标准

项目	序号	检查项目	允许值或允许偏差		检查方法
			单位	数值	
主控项目	1	承载力	不小于设计值		静载试验
	2	混凝土强度	不小于设计值		28 d 试块强度或钻芯法
	3	桩长	不小于设计值		施工中钻杆长度，施工后钻芯法或低应变法检测
	4	桩径	不小于设计值		用钢尺量
	5	桩身完整性	—		低应变法
一般项目	1	混凝土坍落度	mm	160~220	坍落度仪
	2	混凝土充盈系数	≥1.0		实际灌注量与理论灌注量的比
	3	垂直度	≤1/100		经纬仪测量或线锤测量
	4	桩位	mm	≤70+0.01H	全站仪测量或用钢尺量 H 为桩基施工面至设计桩顶的距离（mm）
	5	桩顶标高	mm	+30 −50	水准测量

续表 7.2.1

| 项目 | 序号 | 检查项目 | | 允许值或允许偏差 | | 检查方法 |
				单位	数值	
一般项目	6	钢筋笼	笼顶标高	mm	±100	水准测量
	7		主筋间距	mm	±10	用钢尺量
	8		箍筋间距	mm	±20	用钢尺量
	9		钢筋笼直径	mm	±10	用钢尺量
	10		钢筋笼长度	mm	±100	用钢尺量

表 7.2.2 螺杆桩复合地基施工质量检验标准

| 项目 | 序号 | 检查项目 | 允许值或允许偏差 | | 检查方法 |
			单位	数值	
主控项目	1	复合地基承载力	不小于设计值		静载试验
	2	单桩承载力	不小于设计值		静载试验
	3	桩长	不小于设计值		施工中钻杆长度，施工后钻芯法或低应变法检测
	4	桩径	mm	+50 0	用钢尺量
	5	桩身完整性	—		低应变法
	6	桩身强度	不小于设计要求		28 d 试块强度或用钻芯法
一般项目	1	桩位	条基边桩沿轴线	≤1/4D	全站仪测量或用钢尺量
			垂直轴线	≤1/6D	
			其他情况	≤2/5D	
	2	桩顶标高	mm	±200	水准测量
	3	桩垂直度		≤1/100	经纬仪或线锤测量
	4	混凝土坍落度	mm	160~220	坍落度仪
	5	混凝土充盈系数		≥1.0	实际灌注量与理论灌注量的比
	6	褥垫层夯填度		≤0.9	夯填度指夯实后的褥垫层厚度与虚铺厚度的比值

7.3 质量验收

7.3.1 螺杆桩应开挖至桩顶设计标高后进行验收。

7.3.2 螺杆桩验收应包括下列资料：

    1 岩土工程勘察报告、施工图、图纸会审纪要、设计变更单等；

    2 专项施工方案；

    3 桩位测量放样及复核记录；

    4 材料质量证明文件和进场检验报告；

    5 施工记录及隐蔽工程验收文件；

    6 桩身完整性、承载力检测报告；

    7 竣工图；

    8 其他必须提供的文件和记录。

8 安全和环境保护

8.0.1 螺杆桩施工安全管理、施工现场环境与卫生管理应符合现行行业标准《建筑施工安全检查标准》JGJ 59、《建设工程施工现场环境与卫生标准》JGJ 146 和《市政工程施工安全检查标准》CJJ/T 275 的有关规定。

8.0.2 施工作业人员管理应符合下列规定：

　　1 施工单位应对从业人员定期进行安全生产教育和安全生产操作技能培训。培训考核不合格的作业人员，严禁上岗作业。

　　2 作业人员应配备符合国家标准的劳动防护用品。未按规定佩戴和使用劳动防护用品的施工作业人员，严禁上岗作业。

8.0.3 施工机械设备管理应符合下列规定：

　　1 应定期对施工机械设备、工具和配件进行检查，确保机械设备完好和使用安全；

　　2 施工机械设备的操作应符合现行行业标准《建筑机械使用安全技术规程》JGJ 33 的规定；

　　3 施工过程中不应使用国家、行业、地方明令淘汰的施工机械设备。

8.0.4 施工现场临时用电应符合现行行业标准《施工现场临时用电安全技术规范》JGJ 46 的规定。

8.0.5 施工作业应符合下列安全要求：

　　1 螺杆桩机及配合作业的机具应由专业人员进行操作；

　　2 严禁用手清理钻杆上的泥土，防止割伤；

　　3 提升作业时，保留在卷筒上的钢丝绳不应少于 3 圈，钢丝绳与提引装置的连接绳卡不应少于 3 个，最后一个绳卡距绳头的长度应大于 0.14 m；

　　4 成桩后应在桩位周围设置护栏、盖板等安全防护设施，每个作业班结束后,应对孔口防护进行逐一检查。

8.0.6 特殊气象条件下施工应符合下列安全要求:

1 遇6级以上大风、暴雨、雷电、冰雹、浓雾、沙尘暴、暴雪等气象灾害时,应停止现场施工作业,并做好施工设备和作业人员的安全生产防护工作;灾害后,应对施工机械、用电设备等进行检查,在确认无安全事故隐患后方可恢复施工作业。

2 高温季节作业现场应配备防暑降温用品和急救药品;日最高气温高于40℃时,应停止施工作业。

3 冬季施工作业应符合下列规定:

(1)作业人员应穿戴防寒劳动保护用品,不得徒手作业。

(2)作业现场应采取防滑措施,并应及时清除作业场地内和钻机上的冰雪。

(3)最低气温低于5℃时,给水设施应采取防冻措施。

(4)施工机械设备应按规定采取防冻措施。

8.0.7 施工作业应符合下列环境保护要求:

1 专项施工方案应包含施工影响范围内的建(构)筑物、地下管线分布示意图,并提出建(构)筑物、地下管线的安全保护措施。

2 临时设施应建在安全场地,临时设施及辅助施工场所应采取环境保护措施,减少土地占压和生态环境破坏。

3 施工作业前,应对作业人员进行环境保护交底。

4 对机械使用、维修保养过程中产生的废弃物应集中收集存放、统一处理,机械使用油类不得进入地下水或市政管网中。

5 施工现场严禁焚烧各类废弃物,作业过程产生的弃土弃渣应集中堆放,易产生扬尘的渣土应采取覆盖、洒水等防护措施。

6 施工现场应设置排水系统,排水沟的废水应经沉淀过滤达到标准后,方可排入市政排水管网;施工现场出入口处应设置冲洗设施、污水池和排水沟,应由专人对进出车辆进行清洗保洁。

7 施工期间应严格控制噪声,并符合现行国家标准《建筑施工场界环境噪声排放标准》GB 12523 的规定。

附录 A 螺杆桩大样图

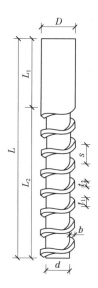

D—螺杆桩外径;d—螺纹段内径;

L—螺杆桩桩长;L_1—直杆段长度;L_2—螺纹段长度;

t_1—螺牙根部厚度;t_2—螺牙端部厚度;b—螺牙宽度;s—螺距。

图 A.0.1 螺杆桩大样图

附录 B 桩机适用土层选择

表 B.0.1 桩机适用土层选择

型号	桩径(mm)	最大成孔深度(m)	动力头功率(kW)	输出扭矩(kN·m)	穿越土层										桩端进入持力层				
					一般黏性土及填土	粉土	膨胀土	黄土	细(中)砂	粗(砾)砂	圆(角)砾	卵(碎)石	漂(块)石	全(强)风化岩层	硬黏土	密实砂土	卵(碎)石	漂(块)石	全(强)风化岩层
JZU(B)90	400~500	25	110	250	○	○	○	○	□	□	□	□	□	□	○	□	□	□	□
JZU(B)120	400~600	30	150	300	○	○	○	○	○	○	□	□	□	□	○	○	□	□	□
JZU(B)180	400~800	35	180	350	○	○	○	○	○	○	○	□	□	○	○	○	○	□	□
ZD3590A	500~900	35	180	400	○	○	○	○	○	○	○	○	○	○	○	○	○	○	○
ZD3590B	500~900	40	264	400	○	○	○	○	○	○	○	○	○	○	○	○	○	○	○

注:表中符号○表示适宜;□表示较适宜。

附录 C 螺杆桩施工过程记录表

表 C.0.1 螺杆桩施工过程记录表

施工单位: _____

设计桩长: _____ m   设计桩径: _____ mm

工程名称: _____   编号: _____

序号	施工日期	桩号	地面标高（m）	桩顶标高（m）	桩入土深度（m）	螺纹段长度（m）	成孔时间		泵送时间		投料量（m³）	终孔钻进扭矩（kN·m）	终孔竖向压力（kN）	备注
							起	止	起	止				

记录: 机长: 现场技术负责人: 监理:

本标准用词说明

1 为便于执行本标准条文时区别对待,对要求严格程度不同的用词说明如下:

1)表示很严格,非这样做不可的用词:正面词采用"必须";反面词采用"严禁"。

2)表示严格,在正常情况下均应这样做的用词:正面词采用"应";反面词采用"不应"或"不得"。

3)表示允许稍有选择,在条件许可时首先应这样做的用词:正面词采用"宜";反面词采用"不宜"。

4)表示有选择,在一定条件下可以这样做的用词,采用"可"。

2 本标准中指定按其他有关标准执行时,写法为"应符合……规定"或"应按……执行"。

引用标准名录

1 《岩土工程勘察规范》GB 50021

2 《建筑地基基础设计规范》GB 50007

3 《混凝土结构设计规范》GB 50010

4 《膨胀土地区建筑技术规范》GB 50112

5 《混凝土结构工程施工质量验收规范》GB 50204

6 《钢结构工程施工质量验收标准》GB 50205

7 《钢筋焊接及验收规程》JGJ 18

8 《建筑施工场界环境噪声排放标准》GB 12523

9 《建筑桩基技术规范》JGJ 94

10 《建筑地基处理技术规范》JGJ 79

11 《建筑基桩检测技术规范》JGJ 106

12 《建筑地基检测技术规范》JGJ 340

13 《建筑施工安全检查标准》JGJ 59

14 《建设工程施工现场环境与卫生标准》JGJ 146

15 《建筑机械使用安全技术规程》JGJ 33

16 《施工现场临时用电安全技术规范》JGJ 46

17 《市政工程施工安全检查标准》CJJ/T 275

河南省工程建设标准

螺杆桩技术标准

Technical standard for part-screw pile

DBJ41/T 160-2022

条 文 说 明

目　次

1 总 则

1.0.1、1.0.2 螺杆桩是一种桩身由直杆段和螺纹段组成的组合式灌注桩,其成桩过程具有噪声小、不塌孔、无泥浆、无环境污染等优点,是一种绿色环保的施工方法。同时,螺杆桩独特的结构形式可显著提高其单桩承载力。近几年来,螺杆桩技术已在全国近20个省、市、自治区及多个行业推广应用,我省郑州、洛阳、商丘、新乡、安阳、濮阳、三门峡等地区多个项目已应用该技术。

本标准自2016年实施以来,对河南省地区螺杆桩技术的推广和应用发挥了积极作用。近几年来,螺杆桩技术仍在不断的发展和完善,为了体现螺杆桩技术的现有发展水平,规范螺杆桩的设计、施工和质量检测,促进该技术在河南省行政区域内的工程应用,修订了本标准。

对于其他行业(如电厂、港口、公路、铁路等)采用螺杆桩的工程,可参考本标准使用,同时还需符合相应行业标准的相关规定。

2 术语和符号

2.1 术 语

2.1.1 螺杆桩属于异型桩的范畴,成桩过程需采用带竖向加压和同步技术的具有特制螺纹钻杆的钻机,钻机钻至设计深度且在土体中形成带螺纹钻孔后,混凝土通过高压泵输送至空心螺纹钻杆并由钻头泵出,通过钻机控制系统严格控制螺纹钻杆提升速度及旋转速度,进而形成带螺牙的混凝土螺杆桩。

2.1.8、2.1.9 同步技术和非同步技术通过螺杆桩机高精度自控系统实现。通过自控系统的控制,可保证钻具旋转速度和主卷扬(为动力头和钻具提供竖向力卷扬器)竖向位移速度按照预定参数运行,当钻杆向下(上)移动一个螺距,钻杆对应的正向(反向)旋转一周,此时的控制技术称为同步技术。需要指出的是,实现同步技术的关键是桩机需要具备加压装置。

3 基本规定

3.0.1 螺杆桩可结合后插筋工艺作为桩基础的基桩,也可以作为复合地基的增强体。

3.0.3、3.0.4 螺杆桩土层的适用性包含两层含义:成孔的可能性和成桩的可能性。成孔的可能性指螺杆桩钻机能否在土层中钻进成孔。在坚硬的岩层中,现有螺杆桩钻机难以钻进,在这些岩层中也就不宜采用螺杆桩。成桩的可能性是指混凝土灌注后能否形成符合设计尺寸的桩身。对于那些灌注混凝土后难以形成螺牙的土层,不宜采用螺杆桩。

螺杆桩根据施工工艺的不同可分为挤土桩、部分挤土桩,并已在黏性土、粉土、砂土、湿陷性黄土、碎石土、全风化及强风化岩等土(岩)层得到成功应用。这里,强风化岩一般指饱和单轴抗压强度不大于 20 MPa 的强风化岩。

对于其他土层,如膨胀土、深厚填土、淤泥质土、地基土中存在承压水等情况,经过试桩和载荷试验确定其适用性,也可采用螺杆桩。如我省部分地区地层中存在有软土夹层,在这类土层中采用螺杆桩易出现缩径等质量问题,原则上不宜采用螺杆桩。而一些工程实践已表明,施工中采取合理的技术措施后,能够保证成桩的质量,可以采用螺杆桩。

特别的,在非饱和状态的密实状态粉土层中,采用常规施工工艺进行螺杆桩施工时发现,在成螺过程中,由于土体干强度较大、可塑性较低,螺牙挤压土体时可能会破坏土体原有的结构性,从而影响成桩质量及后期桩基承载力。因此,在这些地层中进行螺杆桩施工时,宜采取对地基土进行增湿等辅助手段,并结合试桩和载荷试验确定螺杆桩的适用性。

当螺杆桩作为复合地基增强体时,对于具有液化土的场地及具有湿陷性的黄土或回填土场地,宜先通过检测手段确定其能否消除地基液化或湿陷性。当不能消除地基液化或湿陷性时,应先通过其他地基处理方法消除地基液化或湿陷性后,再进行螺杆桩施工。

3.0.5 对于坡地、岸边的桩基,应进行整体稳定性验算。

3.0.7 螺杆桩依据施工时钻杆钻进速度和旋转速度的不同,可以为不取土桩和部分取土桩。特别的,对于直杆段,可以为全取土桩。螺纹段施工可看作挤土桩,直杆段依据施工工艺的不同可看作挤土桩、部分挤土桩或非挤土桩。

3.0.10 螺杆桩技术作为一项新技术,需采用独特的施工成桩工法,桩机需同时具备施加竖向压力和同步控制技术,施工中可根据实际工程的地质条件、成孔直径、成孔深度等合理选用桩机型号,满足施工要求。

4 勘 察

4.1 一般规定

4.1.1 为满足桩基设计所需的基本资料,除建筑场地地质资料外,对于场地的环境条件、新建工程的平面布置、结构类型、荷载分布、使用功能上的特殊要求、结构安全等级、抗震设防烈度、场地类型、桩的施工条件、类似地质条件的试桩资料等,都是桩基设计所需的基本资料。

4.1.2 勘探方法应精心选择,不应单纯采用钻探。触探可以获取连续的、定量的数据,是一种原位测试手段;井探可以直接观察岩土结构,避免单纯依据岩芯判断。因此,勘探手段包括钻探、井探、静力触探和动力触探,应根据具体情况选择。为了发挥钻探和触探的各自特点,宜配合应用。

4.2 勘察要求

4.2.1 为满足设计时验算地基承载力和变形的需要,勘察时应查明拟建建筑物范围内的地层分布、岩土的均匀性。要求勘探点布置在柱列线位置上,对群桩应根据建筑物的体型布置在建筑物轮廓的角点、中心和周边位置上。

设计对勘探孔深度的要求,既要满足选择持力层的需要,又要满足计算基础沉降的需要。因此,对勘探孔有控制性孔和一般性孔之分。

4.3 勘察评价

4.3.1 成桩的可能性除与施工机械有关外,还受地层特性、桩群密集程度、群桩的施工顺序等因素的制约,尤其是地质条件影响最大,故必须在掌握准确可靠的地质资料,特别是原位测试资料的基础上,提出对成桩可能性的分析意见,必要时,可通过试桩进行分析。

4.3.2 螺杆桩成桩过程可能会产生挤土效应,在饱和土体成桩也会产生一定的超孔隙水压力,这些都会对周围已施工完成的桩和已有建筑物、地下管线产生危害,勘察报告中应对此予以分析和评价。

4.3.6 勘察报告中可以提出几个可能的桩基持力层,进行技术经济比较后,推荐合理的桩基持力层。一般情况下,应选择具有一定厚度、承载力高、压缩性较低、分布均匀、稳定的坚实土层或岩层作为持力层。勘察报告中应按不同的地质剖面提出桩端标高建议,阐明持力层厚度变化、物理力学性质和均匀程度。

5 设 计

5.2 基桩构造

5.2.3 一般情况下,螺杆桩螺纹段对侧摩阻力的增大效应会明显大于直杆段,从这一角度出发,螺杆桩螺纹段长度越长,对提高桩身承载力越有利;而从另一角度看,在进行桩身强度验算时,截面越小桩身强度越小,考虑到作用于桩身不同截面的轴向压力随着深度的增加逐渐减小,螺杆桩螺纹段越长,螺纹段顶部截面所承受的轴向压力将越大,因此螺杆桩螺纹段不宜过长。

选取合理的螺杆桩直杆段与螺纹段长度,既能充分发挥螺纹段对桩侧摩阻力的增大作用,又不至于因螺纹段截面积的减小影响桩身强度。根据现有工程实践经验,规定螺杆桩螺纹段长度宜为桩长的 2/3,且不宜设置在可能产生负摩阻力的地层中(如填土、欠固结土、液化土及自重湿陷性黄土等)。

需要指出的是,由于粉土、砂性土具有流动补偿的特性,因此宜将承载力较好的粉土层和砂性土层设置为螺纹段。黏性土层中,尤其是较硬或硬度较大的黏土层中易出现乱螺现象,一般宜优先考虑设置为直杆段,作为桩端持力层时除外。

5.2.4 螺杆桩承受竖向荷载时螺牙将受地基土的冲切作用,冲切力的大小受螺牙宽度、桩侧地基土物理力学指标及螺杆桩所承受的竖向荷载等因素的影响。目前,采用常规方法准确计算螺牙所受冲切力较为困难,这也为合理选取螺牙的尺寸造成一定的困难。本条内容中给出了一组螺杆桩常用构造参数供设计时选取。当设计采用非常规尺寸时,在施工图设计前须通过验算或载荷试验对螺牙的抗冲切性能进行验证。

5.2.5 螺杆桩正截面最小配筋率根据桩径确定。桩承受水平力时,桩身受弯截面模量为桩径的 3 次方,配筋对水平抗力的贡献随桩径增加而增大。根据《建筑桩基技术规范》JGJ 94 的规定,当桩身直径为 300~2 000 mm 时,正截面配筋可取 0.65%~0.2%(小直径桩取高值)。考虑到螺杆桩的成桩直径一般为 400~800 mm,将螺杆桩正截面配筋率提高为 0.65%~0.30%。

5.2.6、5.2.8、5.2.9 当螺杆桩需要通长配筋时,可将钢筋笼设计为分段变径形式,分别满足直杆段和螺纹段的主筋保护层厚度要求,同时应采用有效措施保证钢筋笼的垂直度和偏移量在允许范围内。

5.3 桩基础设计

5.3.1 单桩竖向极限承载力以原位原型试验为最可靠的确定方法,其次是利用地质条件相同的试桩资料和原位测试及端阻力、侧阻力与土的物理指标的经验关系参数确定。

螺杆桩作为一种新型桩,目前仍缺乏比较成熟的承载力确定方法。考虑到这一现状,本标准规定螺杆桩单桩极限承载力应通过静载试验确定。初步设计时可按下列公式进行:

$$Q_{uk} = Q_{sk1} + Q_{sk2} + Q_{pk} = u \sum \beta_{si} q_{sik} l_i + u \sum \beta_{sj} q_{sjk} l_j + q_{pk} A_p$$

与现行《建筑桩基技术规范》JGJ 94 类似,式中螺杆桩极限承载力标准值由端阻力与侧阻力两部分组成。其中,侧阻力又分为直杆段侧阻力及螺纹段侧阻力。

式中,β_{si}、β_{sj} 分别为螺杆桩直杆段第 i 层土、螺纹段第 j 层土的桩侧极限侧阻力增强系数。此处,增强系数是指螺杆桩极限侧阻力标准值相对于混凝土预制桩极限侧阻力标准值的增大程度。从理论分析可知,直杆段侧阻力为桩-土间的摩擦力,而螺纹段等效侧阻力来源于螺牙间土体的抗剪强度。地基土的内摩擦角大于桩土间的摩擦角,因此在相同条件下,螺纹段的侧阻力大于直杆段的侧阻力，β_{sj} 应大于 β_{si}。在本标准中，β_{sj} 的数值是通过对全国及我省多个已完成项目试桩资料进行统计分析，并结合土的状态、施工工艺对土的挤密作用和不同类型土中的成螺质量提出的(表1为部分工程等效侧阻力增强系数的统计结果)。

表1   部分工程等效侧阻力增强系数的统计结果

项目编号	工程名称	桩长（m）	内径（mm）	外径（mm）	侧阻力增强系数
1	博兴阳光小区	16.0	300	500	1.35~1.47
2	博兴名士豪庭	7.5	300	400	1.40~1.65
3	北部湾某工程	22.0	377	500	1.50
4	东城半岛	24.0	377	500	1.68
5	迪亚溪谷	12.0	377	400	1.84~1.90
6	盘锦某安置房	7.0	377	400	1.75~1.90
7	海兴行政中心	8.0	377	500	1.78~2.05
8	某工程试验桩	10.0~16.0	377	400~550	1.42~1.83
9	商丘康城花园	25	377	500	1.72
10	新乡市获嘉县鸿盛铭郡居住小区	25	377	500	1.50
11	三门峡市盛和苑项目	16.0	377	500	1.87
12	三门峡市汇景新城项目	12.5	377	500	2.04
13	宿州市砀山县祥泰国际项目	27.0	377	500	1.50
14	三门峡市中级人民法院新建审判法庭及业务用房项目	27.0	540	600	1.38
15	商丘市高铁新城安置区C区5号地块	13.0~22.5	370	500	1.50

实践中,不少施工单位在螺杆桩技术基础上,通过对现有施工机具、钻具及施工工艺的改进创新,发展出多种类型的螺纹桩(如图1、图2所示)。其中,图1为桩身下半段为正向螺纹、上半段为反向螺纹的变桩径全螺纹桩。这一桩型桩身截面积上大下小,符合一般情况下桩身轴力的分布规律。同时,相比于传统螺杆桩,该桩型全部桩身可形成螺纹,设计计算中可对桩身侧面所有土层的桩侧阻力进行修正,提高螺杆桩的单桩承载力。图2为桩身包含扩大体的变径螺纹桩,扩大体可以设置在桩端(如图2所示),也可以设置在桩身直杆段或螺纹段,也可在桩身不同部位同时设置多个扩大体。相比于传统螺杆桩,该桩型可增大桩身扩大体部位的桩侧或桩端阻力,进而提高单桩承载力。

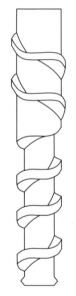

图1 变桩径全螺纹桩示意图

图2 桩身包含扩大体的变径螺纹桩示意图

根据土的物理指标与承载力参数之间的经验关系计算单桩竖向极限承载力,核心问题是经验参数的收集。统计分析,β_{si}、β_{sj}仍需随着工程经验的逐渐积累而进行不断的完善,以保证工程的安全经济可靠。

5.3.4 在湿陷性黄土场地采用桩基础,桩周黄土在浸水条件下会发生软化导致桩侧极限侧阻力减小,在自重湿陷性黄土场地,还会产生负摩阻力,使桩的轴向力加大而产生较大的沉降。鉴于建筑工程在使用过程中浸水可能性较高,按较不利的浸水条件进行设计,且桩端应进入可靠的持力层。桩端持力层的压缩性越低,浸水附加沉降越小。

5.3.6 自重湿陷性黄土场地的桩基础,中性点位置是桩基正负摩阻力计算的关键,它只能根据现场大面积浸水试验确定。自重湿陷性黄土场地桩基负摩阻力、中性点与湿陷性土层深度关系现场试验结果如表2所示。

表2 自重湿陷性黄土场地桩基负摩阻力、中性点与
湿陷性土层深度现场试验结果汇总表

试验地点	桩号	桩长(m)	桩顶极限荷载(kN)	桩径(m)	桩类型	负摩阻力平均值(kPa)	中性点深度(m)	中性比(L_n/L_0)
河南灵宝	S3	60	3 000	0.8	灌注桩	18	18	
	S4	50	2 000	0.8	灌注桩	28	18	0.74
	S5	60	—	0.8	灌注桩	24	28	
宁夏固原	ZH3	40	8 400	0.8	端承摩擦桩	46	19	0.55
	ZH4	40	8 400	0.8	端承摩擦桩	33.1	18	0.52
	ZH5	40		0.8	悬吊桩	22	—	

试验地点	桩号	桩长（m）	桩顶极限荷载（kN）	桩径（m）	桩类型	负摩阻力平均值（kPa）	中性点深度（m）	中性比（L_n/L_0）
甘肃定西	SZ1	26	5 400	0.8	灌注桩	319.62 极限值	16	0.50
	SZ2	29	4 200	0.8	灌注桩	586.68 极限值	21	0.67
甘肃庆阳	SZ1	40	7 500	0.8	灌注桩	27.6	13.5	0.68
	SZ2	40	8 000	0.8	灌注桩	29.1	15.6	0.78
陕西潼关	S3	60	3 000	0.8	灌注桩	23	17	0.89
	S4	50	2 000	0.8	灌注桩	29	16	
	S5	60	—	0.8	灌注桩	25	24	
陕西华阴	S1	60	—	1.2	灌注桩	48	25	1.2
	S2	60	5 400	1.2	灌注桩	54	25	
山西太原	桩1	21	760	0.8	钻孔灌注桩	20.1	15	0.71
	桩2	24	880	0.8	钻孔灌注桩	31.1	14	0.63
蒲城电厂	A1	40	6 000	1.2	钻孔灌注桩	27.4	17.5	0.50
	A2	40	4 110	1.2	钻孔灌注桩	43.6	25.0	0.72
	B1	32	4 800	1.0	钻孔灌注桩	27.3	12.0	0.35
	B2	32	2 960	1.0	钻孔灌注桩	44.9	21.0	0.60
宝鸡第二电厂	甲3	23	1 700	0.8	扩底灌注桩	23.0	12	0.60
	甲1	23	—	0.8	扩底灌注桩	49.0	17	0.85
	乙1	22.85	2 100	1.2	扩底灌注桩	37.9	11	0.55
	乙3	22.85	—	1.2	扩底灌注桩	37.4	15	0.75

5.3.10 桩距不超过 6*d* 的群桩,当桩端平面以下软弱下卧层承载力与桩端持力层相差过大(低于持力层的 1/3)且荷载引起的局部压力超出其承载力过多时,将引起软弱下卧层侧向挤出,桩基偏沉,需验算软弱下卧层的承载力。这里需要强调的是,实际工程中持力层以下存在相对软弱土层是常见现象,只有当强度相差过大时才有必要验算。

5.4 复合地基设计

5.4.5 褥垫层在复合地基中具有如下作用:

1 保证桩、土共同承担荷载,这也是螺杆桩形成复合地基的重要条件;

2 通过改变褥垫层厚度,可调整桩垂直荷载的分担,通常褥垫层越薄承担的荷载占总荷载的百分比越高;

3 减少基础底面的应力集中;

4 调整桩、土水平荷载的分担,褥垫层越厚,土分担的水平荷载占总荷载的百分比越大,桩分担的水平荷载占总荷载的百分比越小。

本标准规定褥垫层设置范围宜比基础外围每边大 200～300 mm,主要考虑当基础四周易因褥垫层过早向基础范围以外挤出而导致桩、土的承载力不能充分发挥。若基础侧面土质较好,褥垫层设置范围可适当减小。也可在基础下四边设置围梁,防止褥垫层侧向挤出。

6 施　工

6.1　一般规定

6.1.1　施工场地软弱会导致螺杆桩机陷机,场地坡度较大或局部软弱可能引发螺杆桩机倾覆等事故。同时,地上、地下障碍物也会对施工产生不利影响,施工前应对场地进行预处理。膨胀土及湿陷性黄土地区施工前应做好必要的防水设施。

6.1.2　终孔标准原则上应结合工程地质情况、单桩竖向承载力、入土深度、竖向加压力、钻进扭矩、桩端持力层性状及桩端进入持力层深度等因素综合考虑确定。当桩端位于一般土层时,应按设计桩长控制成孔深度;当桩端置于较好持力层时,应以确保桩端置于较好持力层作为控制标准,按竖向加压力和钻进扭矩控制成孔深度。对于竖向加压力和钻进扭矩值达到要求而设计桩长未达到的情况,应查明原因,一般应继续钻进 1~3 m 确定终孔。施工过程中出现异常情况时,应停止施工,由监理和建设单位组织勘察、设计、施工等有关单位共同分析原因,解决问题,消除质量隐患,并应形成文件资料。

6.1.3　应重视试桩阶段工程参数的收集,可为设计提供二次优化的参数,也可根据试桩参数形成工程桩的施工依据,有效保证工程桩的质量稳定性。

6.2　施工准备

6.2.1　专项施工方案应结合工程特点,有针对性地制定相应质量管理措施,主要应包括下列内容:

　　1　工程概况、桩施工影响范围内地质特性、桩的规格和数量、工程质量、工期要求。

2 施工平面图:标明桩位、编号、施工顺序、水电线路和临时设施的位置。

3 确定成孔机械、配套设备以及合理施工工艺。

4 施工作业计划和劳动力组织计划。

5 机械设备、备件、工具、材料供应计划。

6 施工管理:工程进度控制,材料成本控制,质量保证,安全、文明施工等措施;环保措施。

6.2.3 施工机械及其配套设备的合理选择,是保证施工质量及施工安全的重要环节,必须杜绝使用不合格的机械设备。螺杆桩施工中施工机械及其配套设备的要求如下:

1 成孔设备:螺杆桩机应具有适宜的钻杆类型和尺寸,且需具有能实现同步技术和非同步技术的自动控制系统。

2 灌注设备:混凝土输送泵,可选用 60～80 m³/h 规格或根据工程需要选用;连接混凝土输送泵与钻机的钢管、高强柔性管,内径不宜小于 125 mm。

3 钢筋笼加工设备:电焊机、钢筋切断机、直螺纹机、钢筋弯曲机等设备应工况良好。

4 钢筋笼置入设备:振动锤、导入管、吊车等应工况良好。

6.2.4 螺杆桩施工时,混凝土材料及泵送混凝土过程应符合下列要求:

1 施工前按设计要求通过试验确定混凝土配合比,混凝土坍落度宜为 180～240 mm。

2 粗骨料粒径宜为 5～15 mm,细骨料宜为中粗砂,混凝土水泥用量不宜小于 400 kg/m³,初凝时间不宜小于 6 h。

3 提钻及泵送过程中应连续进行,提钻速度应与混凝土泵送量相匹配,钻杆内的混凝土高度应高于钻头不小于 2 m。

4 混凝土泵料斗内的混凝土应连续搅拌;泵送混凝土时,料斗内混凝土高度不得低于 400 mm。

5 混凝土输送泵管布置宜减少弯道、保持水平,输送泵管应保证密封良好,管下应垫实。

6 当气温高于 30 ℃时,应采取降温、隔热措施;冻期施工时,应在输送泵管周围包裹保温材料。

6.2.5 螺杆桩轴线的控制点和水准点应设在不受施工影响的地方并妥善保护,开工前应进行复核,施工中应经常复测。

6.3 施工控制

6.3.1 挤土敏感土层包括密实砂土、密实碎石土、硬塑—坚硬黏性土、饱和黏性土等。

6.3.3 图 3 为螺杆桩施工工艺示意图。

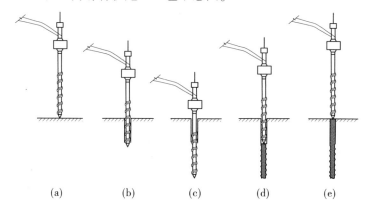

注:(a)钻机对准桩位;(b)钻杆正向非同步钻进至直杆段设计深度;(c)钻杆正向同步钻进至桩底,形成桩的螺纹段;(d)在同步反转提钻同时泵机利用钻杆作为通道,保持额定泵压在高压状态下使混凝土形成下部螺纹状桩体和上部圆柱状桩体;(e)混凝土浇筑完毕,形成螺杆桩。

图3 螺杆桩施工工艺示意图

6.3.4 在我省部分地区,地基土含水率较低,容易出现成孔困难等问题。施工时,可采取以下措施提高施工效率、保证成孔质量:当地基土含水量低于12%时,可对处理范围内的土层进行预浸水增湿;当预浸水土层深度在2.0 m以内时,可采用地表水畦(高300~500 mm,每畦范围不超过50 m²)的浸水方法;当浸水土层深度超过2.0 m时,应采用地表水畦与深层浸水孔结合的方法。

7 质量检验与验收

7.2 质量检验

7.2.2 夯填度指夯实后的褥垫层厚度与虚体厚度的比值,桩径允许偏差负值是指个别断面。

7.2.6 螺杆桩为一种异型桩,采用低应变进行桩身完整性检测时,会出现有别于等截面桩的反射波,影响检测结果的准确性。在具体的工程实践中,可在试桩阶段,通过将反射波形与载荷试验、成桩工艺相结合的方法,确定一个标准波形,以便用以指导工程桩检测。